Bibliografische Information der Deutschen Nationalbibliothek:

Die Deutsche Bibliothek verzeichnet diese Publikation in der Deutschen Nationalbibliografie; detaillierte bibliografische Daten sind im Internet über http://dnb.d-nb.de/ abrufbar.

Impressum:

Druck und Bindung: Books on Demand GmbH, Norderstedt Germany
ISBN: 9783656988236

Dieses Buch bei GRIN:

http://www.grin.com/de/e-book/318893/diffusionsprozesse-in-fluessigkeiten-anwendung-des-schlierenverfahrens

Leon-Alexander Regin

Diffusionsprozesse in Flüssigkeiten. Anwendung des Schlierenverfahrens nach Wiener zur Bestimmung der Diffusionskoeffizienten von starken 1-1-Elektrolytlösungen mit Wasser

GRIN Verlag

Lessinggymnasium Braunschweig
Heideblick 20
38110 Braunschweig

Facharbeit
im Seminarfach

Diffusionsprozesse in Flüssigkeiten

2. Kurshalbjahr der Qualifikationsphase
Schuljahr 2015/2016

Verfasser:	Leon–Alexander Regin
Kursthema des Seminarfachs:	Naturwissenschaft und Gesellschaft
Termin der Bekanntgabe des Themas:	25. Januar 2016
Abgabetermin:	09. März 2016

Diffusion leads to infusion and less confusion:
so use your textbook as a pillow,
and knowledge will move from a region of high concentration (your book)
to a region of low concentration (your head).

— Autor unbekannt.

Inhaltsverzeichnis

Tabellenverzeichnis

Symbolverzeichnis

Symbol	Erläuterung
a	Optischer Weg zwischen Küvette und Schirm
a_ξ	Regressionsparameter der Steigung von $1/Z^2_{\text{max}}$ pro Minute
$a_{s\xi}/m_r/m_q^{-1}$	Regressionsparameter der Steigung von $1/Z^2_{\text{max}}$ pro Sekunde
$\hat{a}_{s\xi}$	Relativer mittlerer Fehler von $a_{s\xi}$
α	Einfallswinkel und Krümmungswinkel des Lichtstrahls
b_ξ	Regressionsparameter des Ordinatenabschnitts
β	Ausfallswinkel des Lichtstrahls
C	Konvexlinse
c	Konzentration
c/c_m	Wellengeschwindigkeit im Medium
c_0	Wellengeschwindigkeit im Vakuum (Lichtgeschwindigkeit)
d/δ	Dicke der Küvette
D	Diffusionskoeffizient
D_ξ	Durch den Versuch ermittelter Diffusionskoeffizient
$D_\pm$	Diffusionskoeffizient eines Kat- bzw. Anions
$\hat{D}_{rel}$	Relative Unsicherheit des ermittelten Diffusionskoeffizienten
Dg.	Diffusionsgefäß/Küvette
η	Verhältnis von s zu s′
F	Fläche des Diffusionsgraphen unterhalb der 45°-Diagonalen
J	Teilchenstrom
M	Mittelpunkt der Küvette
M′	Optischer Mittelpunkt der Küvette
μ	Viskosität des Lösungsmittels
N	Teilchenanzahl
n	Brechungsindex
r	Brechungsradius
R	Radius eines kugelförmigen Teilchens in einer Suspension
Sp.	Spaltblende
S	Eintrittspunkt des Lichtstrahls
s	Weg zwischen M' und Schirm
s′	Weg zwischen Spiegelfolie und Schirm
T	Temperatur
$\overline{x^2}$	Mittlere quadratische Entfernung eines Teilchens vom Ursprung
z	Punkt des Diffusionsgraphen
z_{max}	Punkt der maximalen Ablenkung des Diffusionsgraphen

1. Einleitung

> Die Hydrodiffusion [...] dürfte [...] nicht bloß als einer der Elementarfactoren des organischen Lebens sondern auch als ein an sich höchst interessanter physikalischer Vorgang weit mehr Aufmerksamkeit der Physiker in Anspruch nehmen als ihr bisher zu Theil geworden ist. [sic][1]

Mit diesen Worten beginnt der deutsche Physiologe Adolf Fick (1829–1901) seinen Aufsatz, in welchem er auf empirischer Basis die Grundgesetze der Diffusion postulierte. Diffusion (von lat. diffundere: zerstreuen, ausbreiten) bezeichnet den freiwillig ablaufenden Transportprozess, bei dem sich Teilchen entlang eines Konzentrationgefälles bewegen, bis es zu einem Konzentrationsausgleich gekommen ist.

Im Laufe der zweiten Hälfte des 19. Jahrhunderts wandten sich tatsächlich immer mehr Physiker dem ursprünglich von den Lebenswissenschaften geprägten Forschungsgebiet der Diffusion zu, so wie auch der deutsche Physiker Otto Wiener (1862–1927). Seine 1893 veröffentlichte Arbeit über die Bestimmung von Diffusionskoeffizienten mit einem optischen Verfahren[2] bereicherte maßgeblich die noch von Fick beklagte dürftige Anzahl an quantitativen Messungen von Diffusionsparametern.[3]

Der Diffusionskoeffizient ist im mathematischen Modell diejenige Konstante, die jeder Diffusion eines Systems zweier oder mehrerer Flüssigkeiten eigen ist. Er gibt an, mit welcher Geschwindigkeit Flüssigkeiten diffundieren. Dabei wirken sich Stoffeigenschaften wie Größe der Teilchen oder die Viskosität der Flüssigkeit in besonderem Maße auf diese Größe aus.

In dieser Arbeit soll hinsichtlich des durchzuführenden Versuches ausschließlich von Diffusionsprozessen in Flüssigkeiten die Rede sein. Die von Fick angesprochene Hydrodiffusion, die Diffusion von Elektrolytlösungen in Wasser, werden Untersuchungsgegenstand im Experiment Otto Wieners zur optischen Bestimmung von Diffusionskoeffizienten sein. Zum einen, weil sie von größerer biologischer Bedeutung ist (z.B. als passiver Stofftransport auf Zellebene), zum anderen, weil sie diejenige ist, für die die Theorie vorerst keine zutreffenden Vorhersagen bezüglich der Koeffizienten machen konnte. Genauer sollen die Diffusionskoeffizienten der wässrigen Lösungen von NaCl, KBr, und KI mit Wasser ermittelt und die Messungen über ihre Genauigkeit und weitere statistischen Parameter thematisiert werden.

Ein Grund, der mich dazu bewegt hat, gerade diesen Themenkomplex zu erarbeiten liegt in der Interdisziplinarität der Diffusion. Die Forschung begann im frühen 19. Jahrhundert biologisch-medizinisch geprägt, wurde mehr und mehr ein Feld der physikalischen Chemie und letztlich auch der Mathematik. Zusammen mit einer Durchführung von Wieners Versuch ermöglicht dieses Thema, sich auf den ausgedehnten Grund des naturwissenschaftlichen Arbeitens zu begeben.

---

[1] aus: A. Fick (1855), S.59.

[2] O. Wiener (1893). Darstellung gekrümmter Lichtstrahlen und Verwerthung derselben zur Untersuchung von Diffusion und Wärmeleitung.

[3] vgl.: A. Fick (1855), S.59.

2. Kinetische Wärmetheorie

2.1. Brownsche Bewegung

Als Ursache für Diffusionsprozesse gilt die sog. Brownsche Bewegung. Sie wurde 1827 vom schottischen Botaniker Robert Brown (1773–1858) beschrieben, nachdem er bei der Untersuchung von Pollen in Wasser unter einem Mikroskop „schnell zitternde“[4] Bewegungen der Pollen feststellen konnte. Tatsächlich wurde aber schon 1775 vom niederländischen Arzt Jan Ingenhousz (1730–1799) über dasselbe Phänomen mit Rußteilchen in Wasser geschrieben. Ingenhousz glaubte, dass die Bewegungen der Teilchen der Verdunstung des Wassers geschuldet seien, Brown interpretierte sie als eine Art Lebenskraft der Pollen.[5]

Nach einer modernen Definition handelt es sich bei der Brownschen Bewegung um die zufällig gerichtete Zitterbewegung von Teilchen aufgrund ihrer thermischen Energie. Die zufällige Bewegung wird im Modell auch als sog. *Random Walk* bezeichnet. Sowohl dieser, als auch die Vorstellung, dass Wärme sich als Bewegung der Teilchen äußere, sind Grundgedanken der kinetischen Theorie der Wärme, mit der Einstein 1905 die Fick'schen Postulate beweisen konnte. Dies tat er jedoch, ohne von der jahrzehntelangen experimentellen Forschung der Brownschen Bewegung genaueres gewusst zu haben.[6]

Der französische Physiker Gouy (1854–1926) hatte hingegen durch Versuche die wichtigsten Gesetze der Molekularbewegung herausfinden können,[7] darunter: die Bewegung ist umso schneller:

- je kleiner die Teilchen sind. (Größenabhängigkeit)
- je weniger zäh/viskos das Lösungsmittel ist. (Viskositätsabhängigkeit)
- je höher die Temperatur ist. (Temperaturabhängikeit)

Diese Beobachtungen äußern sich in der zuerst von Einstein (1905)[8] und unabhängig davon auch von Smoluchowski (1906)[9] gefundenen Gleichung

$$\overline{x^2} = \frac{k_\mathrm{B}T}{3\pi\mu R} \cdot t\,. \tag{1}$$

Wobei k_B die Boltzmann-Konstante, T die absolute Temperatur, μ die Viskosität des Lösungsmittels, R der Radius des Teilchens (Siehe Abb. 3. S. 26.), und 3π ein durch die Kugelform der Teilchens bedingter Faktor ist. $\overline{x^2}$ steht hierbei für den zurückgelegten mittleren Weg des Teilchens entlang einer Wegachse.

Nach Smoluchowski habe es Diskussionen darüber gegeben, warum man eine Bewegung unter dem Mikroskop wahrnehmen könne, obwohl sie nach der Theorie selbst für

[4]aus: `https://web.math.princeton.edu/~nelson/books/bmotion.pdf.S.6.`

[5]vgl.: `http://www.nuffieldfoundation.org/practical-physics/brownian-motion-facts-and-myths.`

[6]vgl.: A. Einstein (1905), S.549.

[7]vgl.: siehe 4). S.10 ff.

[8]vgl.: A. Einstein (1905), S.559.

[9]vgl.: M. Smoluchowski (1906), S.772.

das Mikroskop zu gering sei. Dieser begründet die Beobachtung anhand derselben Beziehung. Die wahrgenommene Bewegung, die zur Diffusion führe, entspreche nur der mittleren Bewegung des Random Walks $\frac{\overline{x^2}}{t}$, und nicht der atomaren Schwingung.[10]

2.2. Entropie

Eng gekoppelt mit der Brownschen Bewegung über die Wärmetheorie ist das Konzept der Entropie. Bei der Diffusion der Flüssigkeiten findet ein freiwillig ablaufender Prozess der Verunordnung statt. Indem der geordnete Zustand zweier getrennter Flüssigkeiten in einen ungeordneten Zustand der Vermengung übergeht, nimmt die Entropie des Systems zu. Aus dieser Entropieproduktion folgt unmittelbar aus dem zweiten Hauptsatz der Thermodynamik, dass die Diffusion ein irreversibler Prozess ist;[11] es ist demnach unmöglich, dass sich dieselben Stoffe nach der Diffusion freiwillig wieder zusammenballen.

3. Diffusion von Flüssigkeiten

3.1. Klassische Ficksche Diffusion

3.1.1. Erstes Ficksches Gesetz

Fick erkannte den Zusammenhang von Brownscher Bewegung und ihrer makroskopischen Auswirkung, der Diffusion, noch nicht und postulierte die nach ihm benannten Gesetze analog zu der von Fourier hergeleiteten Wärmeleitungsgleichung.[12] Das erste Ficksche Gesetz beschreibt den Zusammenhang zwischen dem ungerichteten Teilchenstrom, der häufig mit J bezeichnet wird, und der Konzentration des Systems.

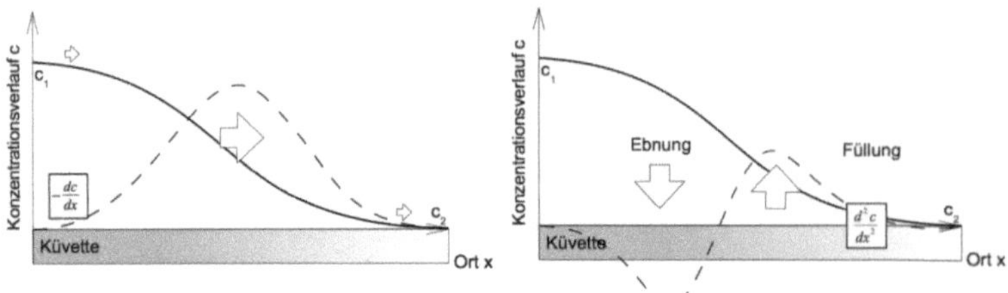

(a) Konzentrationsgradient (b) Krümmungsgraph

Abbildung 1: Konzentrationsverlauf und dessen Ableitungsgraphen

Ändert sich über einen Zeitraum ∂t die Teilchenanzahl N, handelt es sich um einen Teilchenstrom. Dieser erfolgt als Änderung der Konzentration c entlang eines eindimensionalen Ortsabschnitts ∂x über den Konzentrationsgradienten. Das heißt, dass an Orten, an denen der Konzentrationsunterschied hoch ist, ein stärkerer Strom

[10] vgl.: vgl.: M. Smoluchowski (1906), S.764.
[11] vgl.: P. Atkins und J. de Paula (2011), S.83.
[12] vgl.: A. Fick (1855), S.66

erfolgt, als an Orten geringeren Unterschieds. In Abb. 1 (a) (Siehe S. 8.) ist der negative Konzentrationsgradient mit der Konzentrationsverteilung innerhalb eines Gefäßes dargestellt. Das Maximum des negativen Gradienten befindet sich an der verlaufenden Grenzschicht, wo der Teilchenstrom am stärksten fließt.

Dieser Zusammenhang wird durch das erste Ficksche Gesetz ausgedrückt, das in mathematischer Hinsicht als partielle Differentialgleichung formuliert ist:

$$J = \frac{\partial N}{\partial t} = -D\frac{\partial c}{\partial x} \tag{2}$$

Die Stärke oder Geschwindigkeit des Teilchenstroms wird durch den Proportionalitätsfaktor D, den Diffusionskoeffizienten, angegeben. Er hat die SI-Einheit $[\mathrm{D}] = 1\,\frac{\mathrm{m}^2}{\mathrm{s}}$. Für Flüssigkeiten wird er in der Fachliteratur üblicherweise in der Größenordnung von $10^{-5}\,\frac{\mathrm{cm}^2}{\mathrm{s}}$ angegeben. Diese Größenordnung lässt bereits vermuten, dass es sich um einen sehr langsam stattfindenden Transportprozess handelt und für die meisten Fälle eine geringere Bedeutung als Strömung hat als z.B. Konvektionsstöme.

3.1.2. Zweites Ficksches Gesetz (Diffusionsgleichung)

Verknüpft man diesen Teilchenstrom mit der Bedingung, dass die Teilchenzahl des Systems konstant bleiben soll, lässt sich eine Form der Kontinuitätsgleichung formulieren, wobei die Änderung der Dichte der Erhaltungsgröße mit der Änderung der Konzentration über die Zeit, und die Divergenz mit der Strömungsänderung über den Ort gleichgesetz wird:

$$\frac{\partial c}{\partial t} + \frac{\partial J}{\partial x} = 0. \tag{3}$$

Diese gibt durch Einsetzen des ersten Fickschen Gesetzes die Diffusionsgleichung:[13]

$$\frac{\partial c}{\partial t} = -\frac{\partial}{\partial x}\left(-D\frac{\partial c}{\partial x}\right) \tag{4}$$

$$\frac{\partial c}{\partial t} = D\frac{\partial^2 c}{\partial x^2}. \tag{5}$$

In Abb.1 (b) (Siehe S. 8.) ist dieser Zusammenhang graphisch verdeutlicht. Dort, wo eine negative Krümmung im Konzentrationsverlauf vorhanden ist, ebnet der Graph der zweiten Ableitung der Konzentration nach dem Ort den Konzentrationsgraphen, wo eine positive Krümmung vorhanden ist, füllt sie ihn. Als Proportionalitätsfaktor dient, wie auch beim ersten Fickschen Gesetz, der Diffusionskoeffizient, der die Stärke bzw. Geschwindigkeit des Ausgleiches des Konzentrationsgefälles angibt. Je größer dieser ist, desto schneller vollzieht sich der Diffusionsprozess.

Zusammenfassend heißt das zweite Ficksche Gesetz also: Von Stellen hoher Konzentration diffundieren Teilchen zu Stellen geringerer Konzentration, bis sich ein thermodynamisches Gleichgewicht einstellt. Offensichtlich gilt dieses Gesetz nur, wenn zwei verschiedene Flüssigkeiten diffundieren, weshalb diese Form der Diffusion als Klassische Ficksche Diffusion bezeichnet wird. Häufig werden weitere Formen der

[13]Herleitung nach: `https://lp.uni-goettingen.de/get/text/7005`

Diffusion genannt, wie z.B. die Selbstdiffusion, die Diffusion eines Stoffes in sich selbst. Diese bezeichnet letztlich nur die Brownsche Bewegung in einem makroskopischen Kontext, weshalb es nicht notwendig ist, sie noch einmal zu erläutern.

Als partielle parabolische DGL mit einer Zeitableitung und einer zweiten Ortsableitungen müssen für die Lösung (Siehe dazu: Diffusion in der Küvette) zwei Randbedingungen für die Ortskoordinaten und eine Startbedingung für die Zeitkoordinate einbezogen werden.

3.2. Diffusionskoeffizient

3.2.1. Stokes-Einstein-Beziehung

Der Diffusionskoeffizient ist allgemein gefasst das Maß für die Beweglichkeit eines Teilchens in seiner Lösung. Je beweglicher das Teilchen, desto schneller diffundiert es. Physikalisch betrachtet lässt sich dies als Verhältnis von antreibender Kraft zu hindernder Kraft auf das Teilchen beschreiben. Aus der kinetischen Wärmetheorie kann man deshalb folgern:

$$D = \frac{k_B T}{f} \tag{6}$$

Mit f als hindernde Kraft, die als Reibungskraft durch das Stokessche Gesetz beschrieben, die Stokes-Einstein-Gleichung formulieren lässt:

$$D = \frac{k_B T}{6\pi\mu R} \qquad [D] = 1\frac{\frac{\mathrm{J}}{\mathrm{K}}\mathrm{K}}{\frac{\mathrm{kg}}{\mathrm{m\cdot s}}\mathrm{m}} = 1\frac{\mathrm{Js}}{\mathrm{kg}} = 1\frac{\frac{\mathrm{kg\cdot m^2}}{\mathrm{s}}}{\mathrm{kg}} = 1\frac{\mathrm{m^2}}{\mathrm{s}} \tag{7}$$

In dieser Form weist die Gleichung große Ähnlichkeit mit Gleichung (1) auf und findet auch nur Anwendung auf Teilchen, wie sie auch in der Herleitung angenommen wurden, nämlich auf neutrale, kugelförmige Teilchen in einer Suspension. Da diese Annahme die im Versuch betrachteten Elektrolytlösungen ausschließt, ist es notwendig auf den Diffusionskoeffizienten von gelösten Ionen einzugehen.

3.2.2. Starke Elektrolytlösungen

Wenn man die Diffusionskoeffizienten kleiner Ionen (z.B. Na^+) in Wasser betrachtet, so fällt auf, dass diese nicht der Stokes-Einstein-Beziehung entsprechen. Mit ansteigender Größe der Ionen, steigt auch der Diffusionskoeffizient an. F^- hat z.B. in Wasser bei 25°C mit $D_{F^-} = 1,46 \cdot 10^{-5} \cdot cm^2 \cdot s^{-1}$ eine langsamere Diffusionsgeschwindigkeit als I^- mit $D_{I^-} = 2,05 \cdot 10^{-5} \cdot cm^2 \cdot s^{-1}$,[14] obwohl es offensichtlich einen kleineren Ionenradius als das Iod-Anion hat.

Zu diesem Phänomen ist bei Atkins und de Paula zu lesen, dass nicht der Ionenradius an sich, sondern der hydrodynamische Radius (auch Stokes'scher Radius) betrachtet werden müsse. Der hydrodynamische Radius ist der Radius des Ions zusammen mit seiner Hydrathülle, die bei der elektrolytischen Dissoziation in Wasser entsteht. Weil kleinere Ionen ein stärkeres elektrisches Feld aufwiesen, versammelten

[14]Werte aus: P. Atkins und J. de Paula (2011), S.1131.

diese auch größere Hydrathüllen um sich, sodass ihr hydrodynamischer Radius größer, und der Diffusionskoeffizient in Folge dessen kleiner sei.[15] (Siehe Abb. 4. S. 26.)

Bei in Wasser dissoziierten Salzen handelt es sich jedoch um ein Ionengemisch. Naiv würde man den Mittelwert beider Diffusionskoeffizienten annehmen. Bei Cussler wird jedoch erläutert, dass es sich bei den Ionenpaaren dissoziierter Salze, wie mit einem dicken, alten Großvater (Kation) und seiner jungen Enkelin (Anion) verhalte, die zusammen Spazieren gingen. Obwohl das junge Mädchen schneller gehen würde, als der alte Herr, wird dieser das Tempo des Spaziergangs bestimmen; wenn dieser nämlich langsam spazieren geht, wird das junge Mädchen zwar um ihn herumspringen, im Mittel jedoch nicht weiter kommen.[16] Als Konsequenz gibt er für starke 1-1-Elektrolytlösungen folgende Formel an:

$$D = \frac{2}{1/D_+ + 1/D_-} \qquad (8)$$

4. Schlierenverfahren nach Otto Wiener

4.1. Historischer Versuchsaufbau (1893)

Eine der ersten genaueren Methoden zur Ermittlung von Diffusionskoeffizienten war der Versuchsaufbau des Physikers Otto Wiener. In einem planparallelen Diffusionsgefäß Dg. (Siehe Abb. 2[17], S. 12.) sind zwei Flüssigkeiten verschiedener Dichten und Brechungsindizes in gleicher Menge geschichtet. Die Flüssigkeit höherer Dichte liegt unter der weniger dichten, sodass eine Vermischung durch eine treibende Kraft, wie der Erdanziehungskraft, nicht möglich ist. Durch die unterschiedlichen Dichten der Flüssigkeiten bildet sich eine deutlich erkennbare Grenzschicht, die im Verlauf der Diffusion immer unschärfer wird.

Von einer um 45° geneigten Spaltblende Sp. fällt ein Lichtspalt erst durch eine Konvexlinse C, die die Strahlen bündelt, und von dort aus auf die vordere Wand des Diffusionsgefäßes. Durch die Neigung der Blende schneidet der Lichtspalt die Wand so, dass ein um 45° geneigter Strich die Grenzschicht der Flüssigkeiten schneidet. Wiener verwandte dafür seinerzeit Licht einer einfachen Lampe.[18]

Beim Durchqueren des Konzentrationsgefälles über die Dicke d wird der Lichtstrahl in Richtung der optisch dichteren Flüssigkeit, d.h. zu derjenigen, mit dem höheren Brechungsindex, in einem Kreisbogen hingebrochen. (Siehe dazu im Abschnitt: Lichtbrechung in der Küvette). Hierbei gilt die Regel: Je stärker das Konzentrationsgefälle, desto stärker wird der Lichtstrahl abgelenkt.

Verlassen die nun teilweise verbogenen, teilweise ungebogenen Strahlen das Diffusionsgefäß, treffen sie auf den Schirm Sm., auf dem ein glockenförmiger Diffusionsgraph abgebildet wird. Dort, wo sich an der Vorderwand des Diffusionsgefäßes die um 45° geneigte Gerade mit der Grenzschicht geschnitten haben, ist die Ablenkung des

[15] vgl. P. Atkins und J. de Paula (2011), S.847.
[16] vgl. E. L. Cussler (2009), S.163ff.
[17] aus: O. Wiener (1893), S.120.
[18] vgl. ebenda. S.120 f.

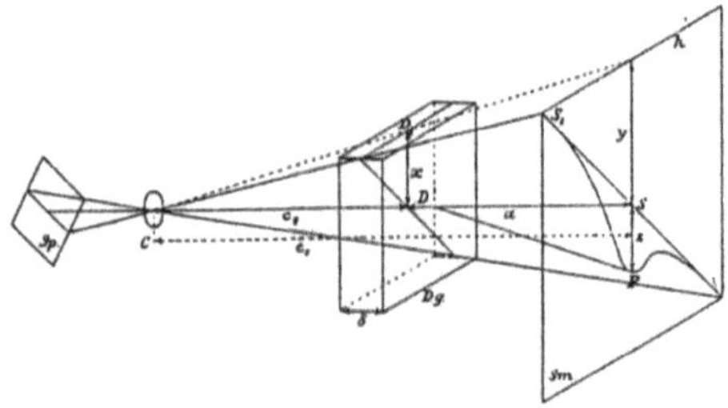

Abbildung 2: Aufbau nach Wiener (1893)

Strahls am größten, da an der Grenzschicht der Flüssigkeiten auch der Konzentrationsunterschied am größten ist.

Indem sich mit der Diffusion der Konzentrationsgradient an der Grenzschicht verringert, verringert sich auch die maximale Auslenkung. Diese lässt sich über einen bestimmten Zeitraum messen, wodurch sich die Geschwindigkeit des Prozesses und als Folge dessen auch der Diffusionskoeffizient bestimmen lässt.

4.2. Mathematische Betrachtung

4.2.1. Lichtbrechung in der Küvette

Wenn man zwei Lösungen verschiedener Brechungsindizes ineinander gießt, dann fällt auf, dass man, obwohl sie farblos und durchsichtig sind, Schlieren sehen kann. Diese liegen im besonderen Brechungsverhalten dieses Systems begründet. Dasselbe Phänomen bildet die Grundlage des Versuchs Wieners und gibt diesem zudem die Bezeichnung als sog. Schlierenverfahren.

Es wurde angesprochen, dass sich der Lichtspalt in der Küvette in Richtung der optisch dichteren Flüssigkeit hinbiegt. Nimmt man an, dass der Spalt senkrecht auf die Küvettenwand trifft, so sollte nach dem Snelliusschen Brechungsgesetz mit einem Einfallswinkel $\alpha_{ein} = 0°$ der Lichtstrahl die Küvette in einem Winkel von

$$\alpha_{\text{aus}} = \arcsin\left(\frac{\sin(\alpha_{\text{ein}}) \cdot n_{\text{Luft}}}{n_{\text{Fluid}}}\right) = 0° \tag{9}$$

also ungebrochen wieder verlassen. Dies passiert jedoch nicht. Um zu veranschaulichen, wie Licht unter diesen Umständen gebrochen wird, merkt Wiener an, dass er durch Friedrich Kohlrausch (1840–1910) auf einen Versuch aufmerksam gemacht wurde, bei dem ein einfacher Faden durch das Diffusionsgefäß gespannt werde, sodass dieser verzerrt erscheint.[19] (Siehe Abb. 6. S. 27.)
Betrachtet man die diffundierenden Flüssigkeiten, so muss man deshalb über das Brechungsgesetz hinaus das Huygenssche Prinzip anwenden. Jeder Lichtrahl ist Anfangspunkt einer Elementarwelle und breite sich wellenförmig und mit einer

[19] vgl. O. Wiener (1893), §4. S.118.

bestimmten Wellengeschwindigkeit aus. Auf dieser Grundlage lässt sich herleiten (Siehe B.1.), dass

$$r = \frac{n}{n'} \tag{10}$$

gilt.

Der Brechungsradius r innerhalb der Küvette wird durch das Verhältnis des lokalen Brechungsindex und des Brechungsgradienten beschrieben. Ist der Brechungsgradient, z.B. an den Enden der Küvette, praktisch Null, so strebt der Brechungsradius gegen unendlich. Dies ist wiederum mit dem Snelliusschen Brechungsgesetz vereinbar, da ein Lichtstrahl an dieser Stelle ungebrochen durch das Medium dringt. An Stellen eines großen Brechungsgradienten, ist r hingegen klein, sodass der Lichtstrahl die Küvette entlang eines engen Kreisbogens durchdringt und sich der optisch dichteren Flüssigkeit nähert. Diese Eigenschaft des Krümmungsradius wirkt sich indirekt auch auf den Diffusionsgraphen, der untersucht werden soll, aus.

4.2.2. Diffusion in der Küvette

Um die Diffusion innerhalb der Küvette, wie sie in Abb. 1 angedeutet ist, mathematisch darzustellen, muss die Diffusionsgleichung gelöst werden. Hierzu werden Randbedingungen benötigt, die üblicherweise für eine unendlich ausgedehnte Küvette angenommen werden, da diese eine analytische Lösung mittels Fouriertransformation möglich macht. Sie lauten für die Ortskomponenten zum Zeitpunkt $t = 0$

$$c_{t=0} = c_0 \text{ für } x \leq 0$$
$$c_{t=0} = 0 \text{ für } x > 0\,.$$

Mit $c_0 = 1\left[\frac{mol}{l}\right]$ für KI (aq) und NaCl (aq) und $c_0 = 1,6\left[\frac{mol}{l}\right]$ für KBr (aq). Diese Startbedingungen geben nach der analytischen Lösung nach Bronstein[20]

$$c(x,t) = \frac{c_0}{2}\left(1 - \operatorname{erf}\left(\frac{x}{\sqrt{4Dt}}\right)\right) \text{ für } t > 0\,. \tag{11}$$

Hierbei dient $\frac{c_0}{2}$ als Wert der Konzentration, die gegen Ende des Diffusionsprozesses angenommen wird. Die sog. Fehlerfunktion erf ist die Stammfunktion der Gaußschen Glockenfunktion mit der Form

$$\operatorname{erf}(y) = \frac{2}{\sqrt{\pi}} \int_0^y e^{-v^2} \mathrm{d}v. \tag{12}$$

Als bivariate Funktion des Ortes und der Zeit lässt sich somit die Konzentration zu jedem Zeitpunkt $t > 0$ für jeden Ort bestimmen. Von größerer Bedeutung ist diese auch in Form ihrer ersten Ableitung für den Diffusionsgraphen.

[20]aus: `https://lp.uni-goettingen.de/get/text/3665`

4.2.3. Diffusionsgraph

Der Diffusionsgraph drückt physikalische Eigenschaften aus, die für die Ermittlung des Koeffizienten notwendig sind. Es lässt sich herleiten (B.2.), dass ein Punkt z des Diffusionsgraphen beschrieben wird durch

$$z = a \cdot d \cdot n' = a \cdot d \cdot \frac{\mathrm{d}n}{\mathrm{d}x}. \tag{13}$$

Bei dem infinitesimalen $\mathrm{d}x$ handelt es sich um ein Wegstück in der Küvette, deren Höhe als x-Ordinate beschrieben wird. Tritt ein Lichtstrahl durch eine Stelle x_0, wird dieser über a auf den Schirm zu Punkt y_0 der 45°-Diagonalen projiziert. Deshalb gelte außerdem

$$\eta = \frac{s}{s'} = \frac{x_0}{y_0}. \tag{14}$$

Geht man also auf der projizierten Diagonalen des Schirms ein Wegstück $\mathrm{d}y$ entlang der y-Ordinate zur Seite, wie auch $\mathrm{d}y$ herunter, handelt es sich im Grenzwert um denselben Punkt, wobei sich z jedoch schreiben lässt als[21]

$$z = a \cdot d \cdot \frac{\mathrm{d}n}{\mathrm{d}x}\frac{\mathrm{d}y}{\mathrm{d}y} = a \cdot d \cdot \frac{\mathrm{d}n}{\mathrm{d}y}\frac{\mathrm{d}y}{\mathrm{d}x} = a \cdot d \cdot \frac{\mathrm{d}n}{\mathrm{d}y}\frac{1}{\eta}. \tag{15}$$

Somit lässt sich die Beziehung zwischen Auslenkung z und $\mathrm{d}n$ schreiben als

$$z\mathrm{d}y = \frac{a \cdot d}{\eta}\mathrm{d}n. \tag{16}$$

zdy beschreibt hierbei ein unendlich dünnes Flächenstück des Diffusiongraphen, sodass sich unmittelbar per Integration folgern lässt, dass

$$\frac{\eta}{a \cdot d}\int_0^y z\mathrm{d}y = \int_{n_1}^{n_2} 1 \cdot \mathrm{d}n = n_2 - n_1 \tag{17}$$

$$\frac{\eta}{a \cdot d}F = n_2 - n_1 \tag{18}$$

mit F als Fläche zwischen Diffusionsgraph und der Diagonalen ist. Die Fläche zwischen dem Graphen und Diagonalen zeigt mit einem bestimmten konstanten Faktor demnach die Differenz der Brechungsindizes an. Diese Abhängigkeit lässt sich für die Ermittlung des Diffusionskoeffizienten nutzen.

4.2.4. Apparat-spezifischer Diffusionskoeffizient

Der Diffusionsgraph bildet bis auf eine additive Verzerrung von x den Graphen der ersten Ableitung des Konzentrationsverlaufes, oder auch des Brechungsgradienten ab. Aus Gleichung (9) folgt, wenn man c_0 durch $n_2 - n_1$ ersetzt, als erste Ableitung nach dem Ort[22]

$$n'(x,t) = \frac{\partial n(x,t)}{\partial x} = \frac{n_2 - n_1}{2\sqrt{\pi D t}}e^{-\frac{x^2}{4Dt}} \tag{19}$$

[21] Herleitung nach O. Wiener (1893), §6. S.124ff.
[22] vgl. ebenda. §10. S.138ff.

Hierbei wird $x = 0$ als Grenzschicht der Flüssigkeiten vorrausgesetzt, sodass sich die Extremstelle $x_E = 0$ ermitteln lässt. Wenn man also die Definition des Extrempunktes ermittelt, lässt sich über diesen auch eine Beziehung zu D herleiten. Dies ist deswegen von großer Bedeutung, weil der Extrempunkt am einfachsten zu messen ist. So ist mit $x_E = 0$:

$$n'(x_E, t) = \frac{n_2 - n_1}{2\sqrt{\pi D t}} \tag{20}$$

$$Dt = \frac{(n_2 - n_1)^2}{4\pi} \frac{1}{n'(x_E, t)^2} \tag{21}$$

Aus den Gleichung (13) und (18) folgt deshalb:

$$Dt = \frac{\eta^2 F^2}{4\pi} \frac{1}{z_{max}^2} \tag{22}$$

Aus diesem Zusammenhang folgt, wenn man Gleichung (22) als lineare Funktion auffasst mit $y = t$ und $x = z_{max}^{-2}$, dass die Gerade

$$t = \frac{\eta^2 F^2}{4\pi D} \frac{1}{z_{max}^2} \tag{23}$$

mit der Steigung

$$m_q = \frac{\eta^2 F^2}{4\pi D} \tag{24}$$

ist, sodass

$$D = \frac{\eta^2 F^2}{4\pi m_q} = \frac{\eta^2 F^2 m_r}{4\pi} \tag{25}$$

ist. Da die erstere Darstellung (24) mit m_q zwar Wieners Herleitung entspricht, jedoch sonst ungewöhnlich ist, weil man die Abhängigkeit z_{max}^{-2} eher über die Unbekannte t darstellen würde, sei für $z_{max}^{-2}(t) = m_r t$ mit $m_r = \frac{1}{m_q}$.

Aus Gleichung (25) kann man somit den Diffusionskoeffizienten bestimmen. Hierbei ist die Position z_{max}, der Extrempunkt des Brechungsgradienten, zu bestimmen, reziprok-quadratisch zu verschiedenen Zeitpunkten über t zu plotten und die Steigung m_r dieser linearen Funktion mit den weiteren in Gleichung (25) enthaltenen Faktoren zu multiplizieren.

5. Versuchsdurchführung

5.1. Laboraufbau

Der Laboraufbau richtet sich in seinen Grundzügen nach dem Versuchsaufbau Wieners von 1893. Das „parallel gemachte Licht einer electrischen Lampe“[23] wurde durch einen Helium-Neon-Laser ersetzt, der wegen seiner erhöhten Intensität und seines koheränten Lichtstrahls die Nahme von Messwerten erleichtert. (Siehe Abb. 9. S.28.)

Da dieser jedoch keinen Strich, sondern einen Punkt auf dem Schirm abbildet, wurde ein konvex gebogener Streifen Spiegelfolie so in den Laserstrahl eingebracht,

[23]aus: O. Wiener (1893), S.120 f.

dass durch die Reflektion am Streifen ein Strich auf den Schirm abgebildet wird. (Siehe Abb. 5, S. 26.) Diese Idee ist einem Versuchsprotokoll der Universität Ulm entnommen.[24]

Auf dem Schirm sind ein Referenz-Messstreifen und eine 45°-Diagonale zur Ausrichtung des Laserstrichs angebracht, die der späteren Auswertung per Photographie dienen, was die Anwesenheit einer Kamera auf dem Experimentiertisch mit einschließt. Der Laser selbst wurde per Wasserwaage und Massestücken horizontal ausgerichtet.

Als Diffusionsgefäß (Siehe Abb. 11. S. 29.) musste, da durch keine der in der Sammlung vorhandenen Küvetten ein ungebrochener Laserstrich auf dem Schirm abgebildet werden konnte, ein Kunststoffbehältnis mit besonders dünnen Wänden zusammengeklebt und durchbohrt werden.[25] Vor Messbeginn wurde dieses erst mit destilliertem Wasser zur Hälfte befüllt und danach mittels Spritze mit der Elektrolytlösung unterschichtet.

5.2. Untersuchungsstoffe

Die zu untersuchenden Stoffe sind allesamt starke 1-1-Elektrolytlösungen, deren Konzentration für KI (aq) und NaCl (aq) etwa bei 1 mol/l und für KBr (aq) etwa bei 1,6 mol/l liegen. Diese Konzentration wurde bei der Herstellung als 1-molar angestrebt, wobei dieser Wert retrospektiv durch einen groben Rechenfehler verursacht worden ist.

Unter starken 1-1-Elektrolytlösungen sind diejenigen Flüssigkeiten zu verstehen, die aus vollständig in Wasser dissoziierten Salzen mit einfach geladenen Kat- und Anionen im selben Verhältnis bestehen. Besonderheiten dieser Flüssigkeiten bezüglich ihrer Diffusionsgeschwindigkeit sind bereits erläutert worden.

5.3. Messverfahren

Die Messung der Fläche unter den Diffusionskurven machten photographische Aufnahmen notwendig, mit denen zugleich die Werte für die maximale Auslenkung Z_{max} ermittelt wurden. Es wurden für KI (aq) und KBr (aq) jeweils 30 Photographien über einen Zeitraum von 90 Minuten, für NaCl (aq) 27 über einen Zeitraum von 60 Minuten, zu nicht-äquidistanten Zeitpunkten aufgenommen. Mit Intervallen von 30 Sekunden beginnend, wurden zuletzt noch alle 10 Minuten Aufnahmen gemacht, um der Verlangsamung des Prozesses gleich zu kommen. Messwerte finden sich im Anhang unter den Punkten D.3 (ab S. 33.) in Tabellenform und D.4 (ab S. 36.) in graphischer Form.

Eine Abbildung des Messverfahrens per Computer-Programm ist im Anhang unter Abb. 12, S. 30 zu finden. Die Werte für Z_{max} ließen sich direkt über die in der Aufnahme vorhandenen Referenz-Messstreifen ermitteln. Für die Fläche war die

[24]vgl. Brackenhofer (1997), S.1

[25]Besonderem Dank gebührt Frau Hoffmann, die durch ihren Einsatz beim Herrichten der Küvette, die Versuche erst möglich gemacht hat.

einfachste Verfahrensweise, die Diffusionskurve als einzelnes Dreieck anzunähern, wobei subjektive Fehler nicht ausszuschließen waren.

6. Auswertung des Versuchs

6.1. Regressionen für NaCl, KBr, KI

Alle Messreihen zeigen bei der Abhängigkeit $z_{max}^{-2}(t)$ weitestgehend den von der Theorie geforderten linearen Zusammenhang. Die Parameter der linearen Regression mit $y = a_\xi x + b_\xi$ sind im Anhang (Tab. 6, S. 32.) nachzulesen. Auffällig sind hierbei die systematischen Abweichung bei allen Messungen (Siehe Abb. 19. und Abb. 20. S. 37.), die vorallem zu Messbeginn durch signifikant systematische Residuen angezeigt werden. Dies kann man als eine Verschnellerung des Diffusionsprozesses deuten. Durch eine mäßige Vermischungen beim Unterschichten der Lösung wurde auch der Diffusionsprozess befördert.

Desweiteren zeigt sich unabhängig von der Regression in den ersten 20 Minuten ein leicht wellenförmiges als zufällig streuendes Verhalten der Messwerte. (Siehe Abb. 16. S. 36.) In der noch instabileren Anfangsphase deutet dies darauf hin, dass Erschütterungen, wie etwa beim Photographieren, sichtlich Einfluss auf die Messwerte nehmen, indem diese die Lösungen in Bewegung versetzen, sodass auch der Z_{max}-Punkt Auf- und Abbewegungen ausführt.

Es muss bei der Regression zusätzlich angemerkt werden, dass auch zu späteren Zeitpunkten eine Systematik bei den Residuen vorzufinden ist. Ob sich diese für KI (aq) und KBr (aq) für spätere Zeitpunkte normalisieren und zufällig um den Erwartungswert Null schwanken werden, lässt sich den Diagrammen nicht entnehmen, obwohl dies zu vermuten wäre. Um diese Vermutung zu bestätigen, wären längere Messungen notwendig.

6.2. Fehlerabschätzung und Vergleich mit Literaturwerten

Für Koeffizienten ist es immer wichtig eine Vorstellung über ihre Genauigkeit zu gewinnen. Nutzt man für eine relative Fehlerabschätzung des Diffusionskoeffizienten die quadratische Fehlerfortpflanzung, so erhält man für die auf Gleichung (25) angewandten Messwerte die Form

$$\hat{D}_{rel} = \frac{\hat{D}}{D} = \frac{\sqrt{\left(\frac{\partial D}{\eta} \cdot \hat{\eta}\right)^2 + \left(\frac{\partial D}{\partial F} \cdot \hat{F}\right)^2 + \left(\frac{\partial D}{\partial a_{s\xi}} \cdot \partial \hat{a}_{s\xi}\right)^2}}{D} \tag{26}$$

sodass der relative Fehler von D

$$\hat{D}_{rel} = \sqrt{(2\hat{\eta}_{rel})^2 + \left(2\hat{F}_{rel}\right)^2 + (\hat{a}_{s\xi rel})^2} \tag{27}$$

ist. Durch Einsetzen der relativen Fehler (Tab. 6, S. 32.) ergab sich für die Diffusionskoeffizienten der Elektrolytlösungen:

- $D_{KI} = 1,96 \cdot 10^{-5} \frac{cm^2}{s} \pm 6,84\%$
- $D_{KBr} = 2,91 \cdot 10^{-5} \frac{cm^2}{s} \pm 9,35\%$
- $D_{NaCl} = 1,14 \cdot 10^{-5} \frac{cm^2}{s} \pm 8,96\%$

Größten Einfluss auf die Unsicherheit der Koeffizienten hatte in allen Fällen die Messung der Fläche, deren Werte relativ stark variierten, gefolgt von der Längenmessung im Versuchsaufbau. Durch ihre Quadrierung im Term des Koeffizienten wirken sich ihre Fehler folglich auch stärker auf die Unsicherheit aus. Eine relativ kleine Unsicherheit resultierte aus der Steigung der Kurven.

Vergleicht man mit den Literaturwerten, so ist der ermitttelte Wert für D_{KI} mit einer Abweichung von 7,1% am nähesten am Literaturwert. Ein immer noch akzeptables Ergebnis liefert auch der Wert D_{NaCl} mit einer Abweichung von 16,2 %, wohingegen der Wert für D_{KBr} mit einer Abweichung von 99,4 % außerordentlich weit vom Literaturwert entfernt ist.

Gründe für diese große Abweichung sind am ehesten mit einer möglichen, undokumentierten Veränderung der Abstände im Versuchsaufbau zu erklären, da bei der zweiten Messung derselbe Aufbau wie zur Messung der Kaliumjodid-Diffusion verwandt wurde und durch eine mögliche, grobe Unachtsamkeit der Abstand im Millimeter- bis Zentimeterbereich verändert worden sein könnte. Andererseits schließt der retrospektiv gefundene Rechenfehler bei der Herstellung der KBr-Lösung auch keine weitere grobe Unachtsamkeit bezüglich der Herstellung aus.

6.3. Fehlerquellen

Als deutlichste Fehlerquellen sind, wie bereits erwähnt wurde, die Messung der Fläche der Diffusionskurve, die unter der Ermittlung einer einzelnen Dreiecksfläche nach „Augenmaß“ relativ ungenau verlaufen ist, und die Abmessung innerhalb des Versuchsaufbaus zu nennen. Beide wirken sich mit ihrer Ungenauigkeit quadratisch auf den Wert aus. Beide sind ebenso Fehlerquellen, die von der Genauigkeit des Durchführenden abhängen. Dies war bei der Ermittlung der Z_{max}-Werte weniger der Fall, da es sich beim Ablesen vom Referenzstreifen eher um statistische Fehler, als um subjektive Fehler handelt.

Alle anderen Einwirkungen betreffen den Diffusionsprozess an sich, gehen also in die Steigung des Graphen der linearen Funktion ein: Äußere Einwirkungen, wie Temperaturschwankungen, die aber niemals größer als 0,5°C waren, wie auch Erschütterungen durch das Photographieren, wirken sich auf die Geschwindigkeit des Diffusionsprozesses aus und verfälschen die Messwerte. Besonders auffallend ist dies zudem bei der Unterschichtung der Küvette geschehen. Man kann in den Residuen eindeutig eine schnellere Diffusion zu Messbeginn durch Vermischungen beim Unterschichten feststellen. Entweder der Experimentierende führt dies sehr sorgfältig durch, oder er wartet einen längeren Zeitraum, bis sich der Diffusionsprozess normalisiert hat.

Neben diesen hauptsächlichen Fehlerquellen könnte die Ungenauigkeit der Konzentration der Lösung – wenn sie etwa durch ein ungenaues Abwägen des Salzes und

Abfüllen des Wassers passiert ist und nicht durch einen groben Rechenfehler – Einfluss auf den Koeffizienten genommen haben.

7. Anwendung

7.1. Abbildung des Diffusionsprozesses

Den Aufbau von 1893 muss man vor allem als einen historischen Versuch mit demonstrativen Charakter betrachten, denn er bahnte mit den Erkenntnissen, die Wiener über den Zusammenhang von Optik und Diffusion zusammengefasst hatte, den Weg für effektivere Methoden. So wird das Schlierenverfahren nach Wiener in seiner ursprünglichen Form in kaum einem Lehrbuch mehr thematisiert. Allerdings wird dieser, vermutlich aufgrund seines didaktischen Charakters, in vielen Formen in experimentellen Grundpraktika an Universitäten, wie z.B. bei Brackenhofer[26] verwendet. Der Versuch fordert vertiefte Kenntnisse in Optik, Wärmetheorie und Mathematik. Nichtsdestotrotz gibt es bei dem Versuch Randerscheinungen, die weiterer Überlegungen bedurften.

Wiener weist in seiner Arbeit darauf hin, dass die Diffusionskurven ein „getreues Bild des ganzen Diffusionsvorganges“[27] entwerfen würden. Aus diesen lassen nicht nur Diffusionskoeffizienten ermitteln, sie zeigen zudem die relativen Diffusionsgeschwindigkeiten an, indem sich Z_{max} derjenigen Seite annähert, deren Flüssigkeit langsamer in die andere hineindiffundiert.

Eine solche Auswertung ist für Kaliumjodid und Natriumchlorid (Abb. 13. S. 30.) im Anhang zu finden. Die Stärkere Krümmung des Kaliumjodid-Diffusionsgraphen nach links zeigt eine langsamere Diffusion der Ionen in das Wasser, als bei NaCl, an. Diese Eigenschaft lässt sich dadurch begründen, dass das Viskositätenverhältnis von Lösung zu Wasser größer ist, als das Verhältnis von Wasser zu Lösung. Da NaCl (aq) eine geringere Viskosität hat, als KI (aq) ist dieser Unterschied somit geringer.

7.2. Abbildung der Wärmeleitung

Weil die Brechungsindizes vieler Flüssigkeiten von der Temperatur abhängen, ist es mit der Methode zumindest theoretisch möglich, die Wärmediffusion bzw. Wärmeleitfähigkeit von Flüssigkeiten zu bestimmen. Wiener stellte selbst einen Versuch mit erhitztem und gekühltem Wasser an, schreibt allerdings, dass die Schichtung derselben Flüssigkeit mit größeren Schwierigkeiten verbunden sei, sodass keine qualitative Verwertung möglich war.[28] Die Abbildung von Wärmeleitung sieht Wiener eher als Demonstrationsexperiment geeignet.[29]

---

[26] Brackenhofer (1997)
[27] aus: O. Wiener (1893), S.137
[28] vgl. ebenda. S.145
[29] vgl. ebenda. S.147

8. Fazit

Die Ergebnisse des Versuches zeigen zusammenfassend und hinsichtlich der Durchführung zwei Dinge:

(1) Es ist grundsätzlich möglich, eine angemessene Annäherung bei der Bestimmung von Diffusionskoeffizienten mit dem Schlierenverfahren nach Wiener an die Literaturwerte zu erreichen, auch wenn keine optimalen Versuchsbedingungen vorliegen. Dies hat zur Folge, dass beim Experimentieren hin und wieder Kreativität, wenn nicht sogar ein gewisses Können gefragt ist. Vermutlich sagte man aus diesem Grund von Wiener, dass es sich bei ihm um einen „Meister der Experimentierkunst“[30] gehandelt habe.

(2) Bei diesem Versuch bedarf es enormer Sorgfalt und gerade deswegen benötigt man Routine im Experimentieren, die mir persönlich sicherlich an manchen Stellen fehlte. Damit hängt zusammen, dass man eine gewisse Frustrationstoleranz hat. So sehr man sich auch bemüht, möglichst wenige Fehler zu machen, sind manche von ihnen doch unvermeidbar. Umso beeindruckender ist die Leistung Wieners in Anbetracht der Tatsache, dass es ihm an den modernen Mitteln, wie einem Laser, der das Experimentieren so sehr vereinfachte, gefehlt hat.

Wenn ich ein persönliches Fazit ziehe über die Erfahrungen, die mit dieser Arbeit verbunden waren, dann ist an erster Stelle die Schwierigkeit der Zusammenfassung dieses facettenreichen Themas, Diffusion, zu nennen. Eine gute Zusammenfassung sollte kurz sein, aber alles wichtige abdecken. In dieser habe ich also den Schwerpunkt in die Versuchsdurchführung gesetzt, sodass die theoretischen Ausführungen über Diffusion und Wärmetheorie einen auf dieses Experiment vorbereitenden Charakter haben sollten.

Auch wenn der Umgang mit wissenschaftlichen Quellen aus dem 19. und frühen 20. Jahrhundert zuerst gewöhnungsbedürftig ist, versteht man nachher umso besser, warum auch aus wissenschaftshistorischer Sichtweise bestimmte Herleitungen und Experimente in dieser Weise durchgeführt worden sind. Zudem geben einem die Aufsätze aus den Annalen beispielsweise von Wiener oder Smoluchowski einen Einblick in die klassische Experimentalphysik, bei dem am Ende des Versuches eine einfache These bestätigt oder verworfen wird, wie man es in dieser Einfachheit heute kaum mehr hat.

Schließlich bleibt es übrig noch einmal Frau Hoffmann und Frau Henning für ihren Beitrag zum Gelingen der Versuche und deshalb zum Gelingen dieser Arbeit zu danken; einen wissenschaftlichen Aufsatz zu lesen und zu verstehen ist – wie mir durch diese Arbeit klar wurde – wirklich nicht das Schwierige, wenn man einmal die Widrigkeiten der experimentellen Arbeit kennengelernt hat.

[30]aus: J. Kärger (2014), S.84.

Literaturverzeichnis

Atkins, P., de Paula, J. (2011). *Physikalische Chemie. 4. korrigierte Auflage.* Weinheim: Wiley-VCH.

Beckert, S. (2013). *NMR-Untersuchungen zur kollektiven Diffusion von Wasser und gelösten Ionen: Die dynamische Hydratationszahl und der Einfluss poröser Medien.* Leipzig.

Cussler, E. L. (2009). *Diffusion: Mass Transfer in Fluid Systems. (Cambridge Series in Chemical Engineering)* Cambridge: Cambridge University Press.

Einstein, A. (1905). Über die von der molekularkinetischen Theorie der Wärme geforderte Bewegung von in ruhenden Flüssigkeiten suspendierten Teilchen. In: *Annalen der Physik. 322*(8), 549–560.

Fick, A. (1855). Ueber Diffusion. In: *Poggendorff's Annalen der Physik und Chemie. 170*(1), 59–86.

Grigoriev, I. S., Meilikhov, Z. E. (1996). *Handbook of Physical Quantities.* Boca Raton, Florida: CRC Press.

Kärger, Jörg (2014). *Leipzig, Einstein, Diffusion. 3. Auflage.* Leipzig: Leipziger Uni-Verlag.

Robinson, R. A., Stokes, R. H. (1959). *Electrolyte Solutions.* London: Butterworths.

Smoluchowski, M. von (1906). Zur kinetischen Theorie der Brownschen Molekularbewegung und der Suspension. In: *Annalen der Physik. 326*(14), 205–226.

Wiener, O. (1893). Darstellung gekrümmter Lichtstrahlen und Verwerthung derselben zur Untersuchung von Diffusion und Wärmeleitung. In: *Wiedemanns Annalen der Physik und Chemie. 285*(5), 105–149.

Verzeichnis der Webadressen

Autor: k.A. Datum: k.A. *Brownian motion: facts and myths.* Institute of Physics (IOP). Online abrufbar unter: `http://www.nuffieldfoundation.org/practical-physics/brownian-motion-facts-and-myths`. [Stand: 14.02.2016]

Brackenhofer, G. (1997). *Diffusion von NaCl in Wasser. Bestimmung des Diffusionskoeffizienten. TH – 93. Thermodynamik.* Universität Ulm. Online abrufbar unter: `http://vorsam.uni-ulm.de/vs/Versuche/TH/PDF/TH093V00.PDF` [Stand: 14.02.2016]

Nelson, E. (2001/1969). *Dynamical Theories of Brownian Motion. Second edition.* Departement of Mathematics. Princeton University. Online abrufbar unter: `https://web.math.princeton.edu/~nelson/books/bmotion.pdf`. [Stand: 14.02.2016]

Niedermayr, A. (2011). *Diffusion.* Universität Göttingen. Online abrufbar unter: https://lp.uni-goettingen.de/get/text/7005. [Stand: 25.02.2016]

Schaaf, P. (2009). *Diffusion. Mathematische Lösung der Diffusionsgleichung.* Universität Göttingen. Online abrufbar unter: https://lp.uni-goettingen.de/get/text/3665. [Stand: 25.02.2016]

A. Diffusionskoeffizienten der Elektrolytlösungen in Wasser (Literaturwerte)

Tabelle 1: Diffusionskoeffizient in $cm^2 \cdot s^{-1} \cdot 10^{-5}$ bei 25°C

c in mol/l	NaCl	KBr	KI
0,05	1,507	1,89	1,89
0,10	1,483	1,87	1,86
0,20	1,475	1,87	1,85
0,30	1,475	1,87	1,88
0,50	1,474	1,88	1,95
0,70	1,475	1,91	2,00
1,00	1,484	1,97	2,06
1,50	1,495	2,06	2,16
2,00	1,516	2,13	2,25
2,50	–	2,19	2,34
3,00	1,565	2,28	2,44

aus: Robinson und Stokes (1959), S. 515.

Tabelle 2: Diffusionskoeffizient in $cm^2 \cdot s^{-1} \cdot 10^{-5}$ bei 18°C

c in mol/l	NaCl	KBr	KI
0,05	1,26	–	–
0,10	–	–	1,61
1,00	1,24	1,20*	1,59
2,00	1,29	–	–
3,00	1,36	–	–
		*10°C	

aus: Grigoriev und Meilikhov (1996), S. 473.

B. Herleitungen

B.1. Definition des Krümmungsradius (Siehe Abb. 7 (a))

Betrachtet man zwei benachbarte Punkte A und A' beim Eintreten der Lichtstrahlen in die Küvette mit einem Konzentrationsgradienten, so durchqueren die zwei Strahlen mit unterschiedlicher Wellengeschwindigkeit gleichzeitig die Punkte B und B' auf einer Geraden. Strahl A durchquert dabei die Strecke dc mehr als Strahl A'. dc lässt sich somit als Wellengeschwindigkeitsdifferenz deuten. Aufgrund der Ähnlichkeitsverhältnisse im Dreieck kann man die folgende Gleichung formulieren:

$$\frac{dx}{r} = \frac{dc}{c} \tag{28}$$

Weil für Brechungsindex und Wellengeschwindigkeit die Beziehung:

$$c_0 = n \cdot c \tag{29}$$

gilt, mit c_0 als Wellengeschwindigkeit im Vakuum (Lichtgeschwindigkeit) und c als Wellengeschwindigkeit im Medium, lässt sich die Beziehung schreiben als

$$\frac{dx}{r} = \frac{dn}{n} \tag{30}$$

Daraus folgt unmittelbar

$$r = \frac{n}{\frac{dn}{dx}} = \frac{n}{n'}. \tag{31}$$

Das bedeutet, dass sich der Krümmungsradius aus dem Verhältnis von lokalen Brechungsindex zum Brechungsgradienten ergibt. An Stellen mit großem Brechungsgradienten ist die Ablenkung des Strahls groß, da der Krümmungsradius klein ist. An Stellen, an denen kein Brechungsgradient vorliegt, ist der Krümmungsradius unendlich groß, es gibt also keine Ablenkung.

B.2. Definition der Diffusionskurve (Siehe Abb. 7 (b))

Der Diffusionsgraph hängt maßgeblich vom Auslenkwinkel β ab. Es gilt für die Küvette:

$$\tan(\beta) = \frac{z}{a}. \tag{32}$$

Da dieser Auslenkwinkel in der Realität nahe bei Null liegt, kann man den Tangens vernachlässigen, sodass

$$z \approx a \cdot \beta \tag{33}$$

gilt.

Nach dem Snelliusschen Brechungsgesetz gilt zusätzlich für den Ausfallswinkel bei Medienübergängen das Verhältnis:

$$\beta = \alpha \cdot \frac{n_m}{n_0} \tag{34}$$

gilt, wobei n_m der Brechungsindex des Mediums und n_0 der Brechungsindex von Luft (vernachlässigbar) ist. Für α gilt aus dem selben Grund wie für β näherungsweise:

$$\tan(\alpha) \approx \alpha = \frac{d}{r} \tag{35}$$

sodass für z schließlich:

$$z = \frac{a \cdot n_m \cdot d}{r} = \frac{a \cdot n_m \cdot d}{\frac{n_m}{n'}} = a \cdot n' \cdot d \tag{36}$$

gilt. Dies ist auch physikalisch nachvollziehbar: Je größer a ist, desto länger wird ein Lichtstrahl in eine Richtung abgelenkt, desto größer ist z. Je länger sie einen Brechungsgradienten der Dicke d durchdringt, desto stärker wird er abgelenkt, desto größer ist wiederum z. Das Verhalten von z mit n' wurde bereits indirekt in C.1. erläutert.

C. Abbildungen

C.1. Darstellungen und Schemata

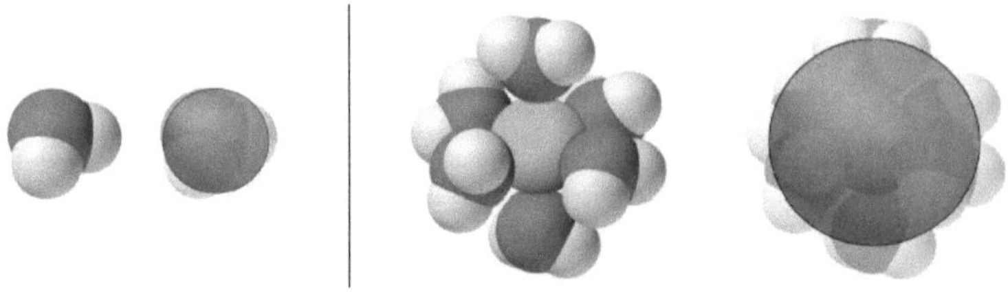

Abbildung 3: Alle Teilchen (links Wasser, rechts ein Ion mit Hydrathülle) werden als kugelförmig angenommen. Aus: S. Beckert (2013), S.22.

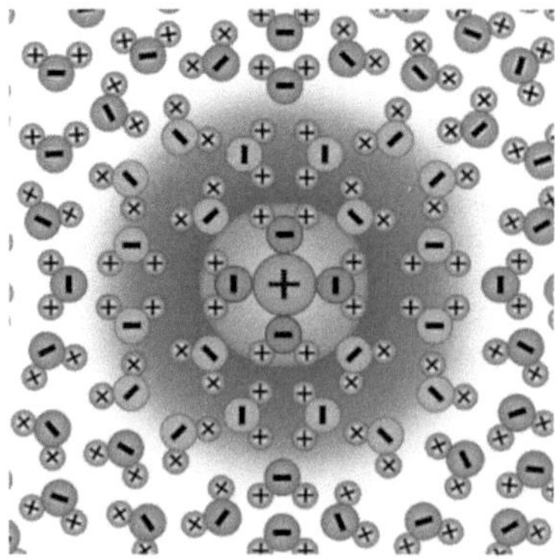

Abbildung 4: Ionen wechselwirken durch ihr elektrisches Feld weit über ihre primäre Hydrathülle hinaus. Aus: S. Beckert (2013), S.9.

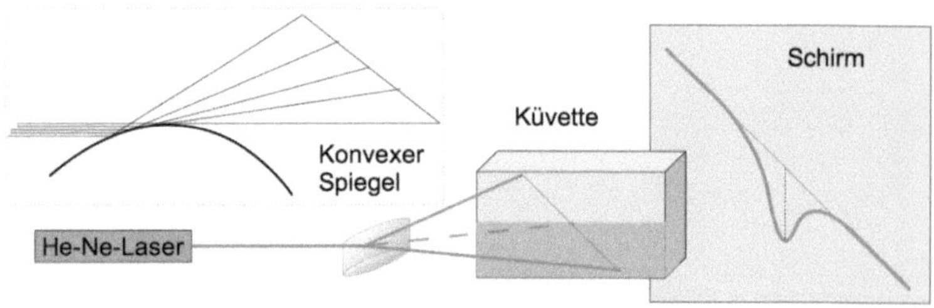

Abbildung 5: Schemenhafter Laboraufbau

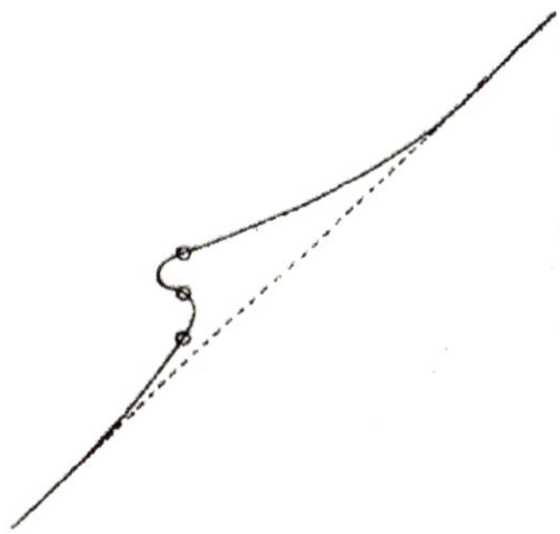

(a) aus: O. Wiener (1893), S.118.

(b) Nachstellung mit Mundspülung (grün) und Türschlossenteiser (blau)

Abbildung 6: Versuch zur Veranschaulichung der Lichtbrechung innerhalb eines Brechungsgradienten

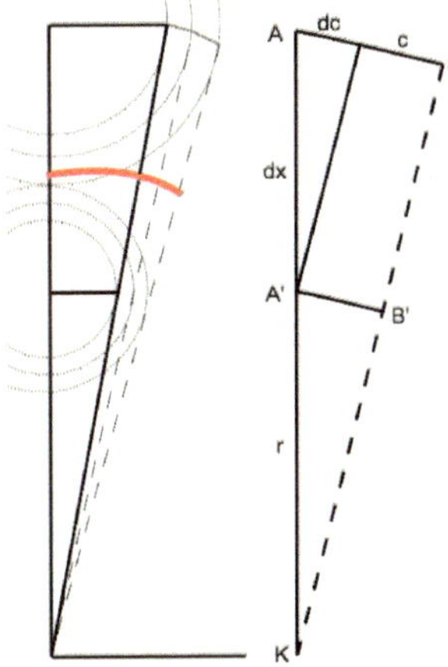

(a) Huygensches Prinzip

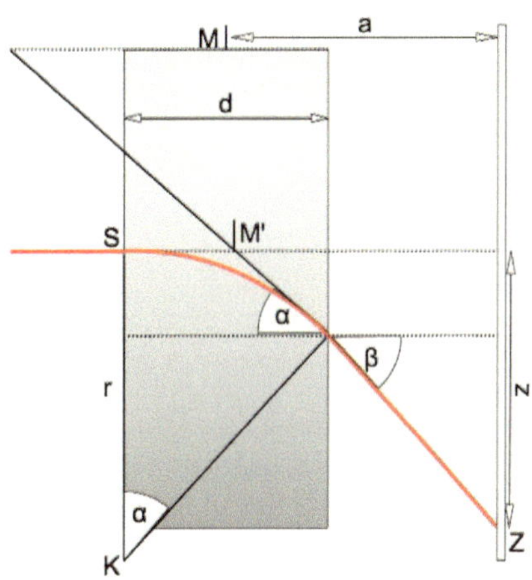

(b) Strahlgeometrie

Abbildung 7: Lichtbrechung in der Küvette

C.2. Laboraufbau

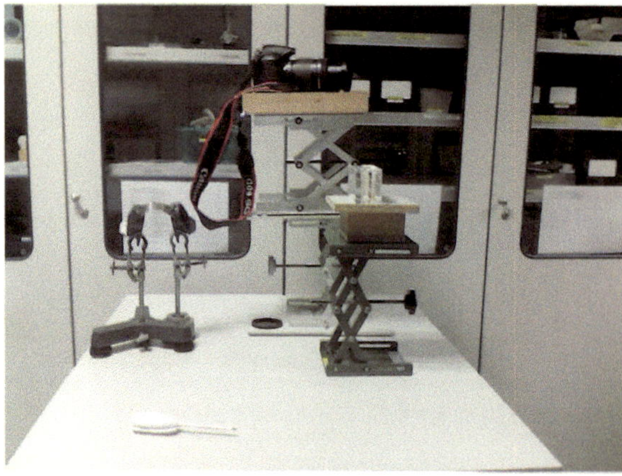

Abbildung 8: Konvexe Spiegelfolie, Thermometer, Küvette, Kamera

Abbildung 9: Helium-Neon-Laser mit Massestücken, Wasserwaage, Protokoll und Laser-Warnschild

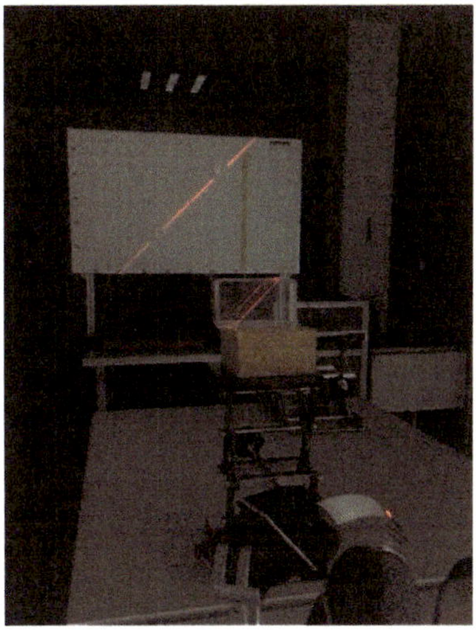

Abbildung 10: Der Laserstrahl wird zum Strich aufgefächert (unten rechts), dringt durch die Küvette (Mitte) auf den Schirm (hinten)

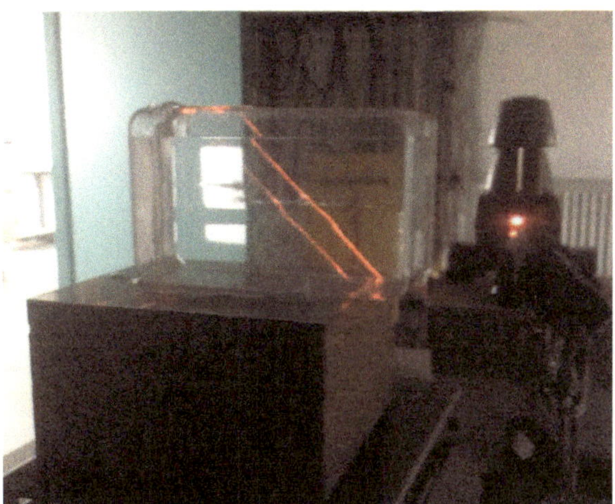

Abbildung 11: Laserstrich beim Durchqueren der Küvette

C.3. Messverfahren

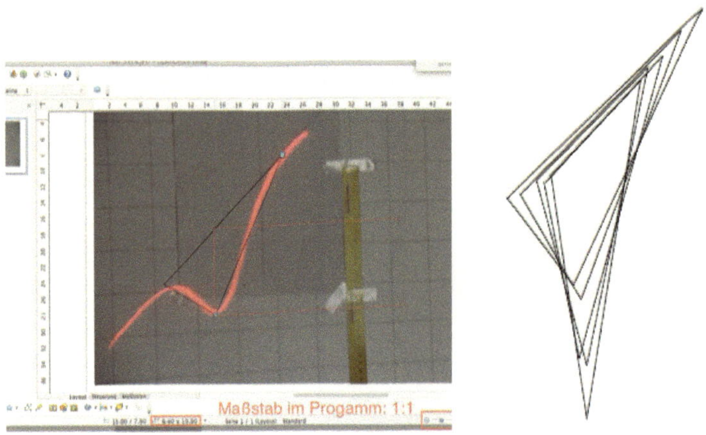

Abbildung 12: Auswertung des Diffusionsgraphen (links: Computer-Programm, rechts: Mehrere Näherungen durch Dreiecke für Diffusionsgraphen von NaCl(aq))

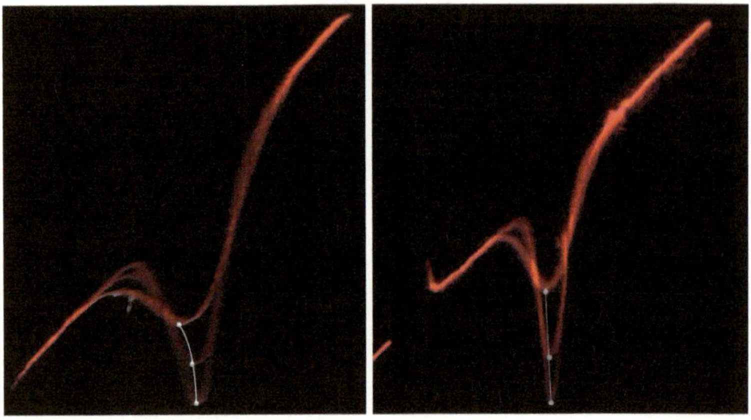

(a) KI diffundiert schwächer in Wasser hinein (b) NaCl diffundiert stärker in Wasser hinein

Abbildung 13: Verschiebung von Z_{max} nach links, d.h. in Richtung der Salzlösung, die langsamer in das Wasser hineindiffundiert, als das Wasser in die Lösung

D. Messwerte

D.1. Apparat-Angaben

Tabelle 3: Apparat-Angaben – Messung 1

Messgröße	**Messwert**
Datum:	12.02.2016
Uhrzeit:	09:30 Uhr (1) und 14:00 Uhr (2)
Systeme:	KI (1-molar) – H_2O (1) und KBr (1,6 molar) – H_2O (2)
s	$0,41\text{m} \pm 0,005\text{m}$
s'	$2,03\text{m} \pm 0,01\text{m}$
a	$1,62\text{m} \pm 0,015\text{m}$
d	$0,0045\text{m} \pm 0,0001\text{m}$

Tabelle 4: Apparat-Angaben – Messung 2

Messgröße	**Messwert**
Datum:	23.02.2016
Uhrzeit:	14:00 Uhr
System:	NaCl (1-molar) – H_2O
s	$0,475\text{m}\pm 0,005\text{m}$
s'	$2,43\text{m}\pm 0,01\text{m}$
a	$1,955\text{m} \pm 0,015\text{m}$
d	$0,0045\text{m} \pm 0,0001\text{m}$

D.2. Regressionsparameter und Diffusionskoeffizienten

Tabelle 5: Regressionsparameter und daraus ermittelte Werte

Parameter	KI	KBr	NaCl
a_ξ (in $min^{-1}m^{-2}$)	0,7159	0,7572	1,5401
$a_{s\xi}$ (in $s^{-1}m^{-2}$)	0,0193	0,0126	0,0257
b_ξ (in m^{-2})	44,74	30,25	32,51
Bestimmtheitsmaß R^2	0,9961	0,9970	0,9944
Mittlerer Fehler $\hat{a}_{s\xi\text{rel}}$	0,39%	0,30%	0,59%
$\overline{F}$ (in m^2)	0,007120	0,008422	0,003833
Rel. Standardfehler $\hat{F}_{\text{rel}}$	2,96%	4,34%	4,11%
η	0,202	0,202	0,195
D_ξ in $\frac{m^2}{s} \cdot 10^{-9}$	**1,96**	**2,91**	**1,14**
D_{Lit} (Abb. 14)	1,83	1,92	1,36
Abweichung D_ξ / D_{Lit}	7,1%	99,4%	16,2%

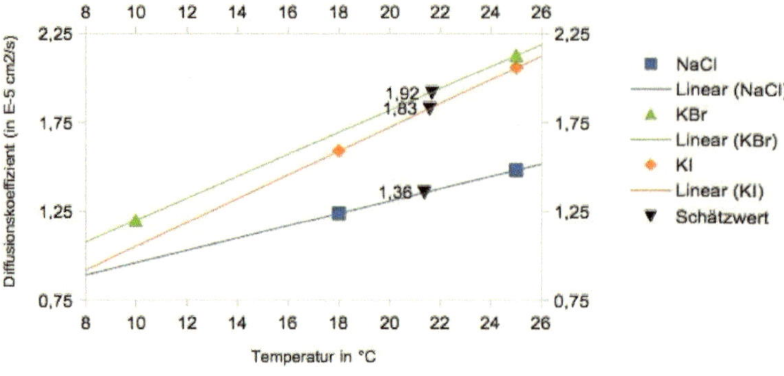

Abbildung 14: Lineare Näherung der Diffusionskoeffizienten für die mittleren Temperaturen von NaCl (aq), KBr (aq) und KI (aq) mit den Literaturwerten aus Tabelle 1 und 2.

D.3. Maximale Auslenkung, Fläche, Temperatur

Tabelle 6: Messwerte für KI (aq), 1-molar

t in min	z_{max} in cm	z_{max} in m	z_{max}^{-2} in m^{-2}	F in m^2	T in °C
0,0	15,30	0,1530	42,7186		21,7
0,5	15,20	0,1520	43,2825		
1,0	15,10	0,1510	43,8577		
1,5	15,00	0,1500	44,4444		
2,0	14,85	0,1485	45,3468		
2,5	14,75	0,1475	45,9638		
3,0	14,65	0,1465	46,5934		
3,5	14,65	0,1465	46,5934		
4,0	14,55	0,1455	47,2361		
4,5	14,50	0,1450	47,5624		
5,0	14,35	0,1435	48,5620		
6,0	14,20	0,1420	49,5933		
8,0	14,00	0,1400	51,0204		
10,0	13,85	0,1385	52,1315	0,007308	
12,0	13,60	0,1360	54,0657		
14,0	13,45	0,1345	55,2784		21,6
16,0	13,20	0,1320	57,3921		
18,0	13,00	0,1300	59,1716		
20,0	12,80	0,1280	61,0352		
25,0	12,50	0,1250	64,0000		
30,0	12,20	0,1220	67,1862		
35,0	11,90	0,1190	70,6165	0,006865	
40,0	11,60	0,1160	74,3163		
45,0	11,30	0,1130	78,3147		
50,0	11,10	0,1110	81,1622		
55,0	10,95	0,1095	83,4011		21,4
60,0	10,60	0,1060	88,9996		
70,0	10,30	0,1030	94,2596		
80,0	10,00	0,1000	100,0000	0,006953	
90,0	9,85	0,0985	107,3854	0,007354	21,6
				$\overline{F} = 0,007120$	$\overline{T} = 21,58$

Tabelle 7: Messwerte für KBr (aq), 1,6-molar

t in min	z_{max} in cm	z_{max} in m	z_{max}^{-2} in m^{-2}	F in m^2	T in °C
0,0	18,60	0,1860	28,9051		21,8
0,5	18,25	0,1825	30,0244		
1,0	18,10	0,1810	30,5241		
1,5	18,00	0,1800	30,8642		
2,0	17,95	0,1795	31,0364		
2,5	17,75	0,1775	31,7397		
3,0	17,60	0,1760	32,2831		
3,5	17,55	0,1755	32,4673		
4,0	17,50	0,1750	32,6531		
4,5	17,45	0,1745	32,8405		21,6
5,0	17,40	0,1740	33,0295		
6,0	17,10	0,1710	34,1986		
8,0	16,80	0,1680	35,4308		
10,0	16,25	0,1625	37,8698	0,008917	
12,0	15,90	0,1590	39,5554		
14,0	15,40	0,1540	42,1656		
16,0	15,20	0,1520	43,2825		21,6
18,0	15,00	0,1500	44,4444		
20,0	14,60	0,1460	46,9131		21,8
25,0	14,00	0,1400	51,0204		
30,0	13,60	0,1360	54,0657		21,7
35,0	13,05	0,1305	58,7190	0,008657	
40,0	12,75	0,1275	61,5148		
45,0	12,40	0,1240	65,0364		21,7
50,0	12,05	0,1205	68,8693		
55,0	11,80	0,1180	71,8184		
60,0	11,45	0,1145	76,2762		
70,0	11,00	0,1100	82,6446		
80,0	10,50	0,1050	90,7029	0,008123	21,5
90,0	10,25	0,1025	95,1814	0,007990	
				$\overline{F} = 0,008422$	$\overline{T} = 21,67$

Tabelle 8: Messwerte für NaCl (aq), 1-molar

t in min	z_{max} in cm	z_{max} in m	z_{max}^{-2} in m^{-2}	F in m^2	T in °C
0,0	18,25	0,1825	30,0244		
0,5	18,15	0,1815	30,3562		
1,0	17,75	0,1775	31,7397		
1,5	17,25	0,1725	33,6064		
2,0	17,10	0,1710	34,1986		
2,5	17,05	0,1705	34,3994		
3,0	16,65	0,1665	36,0721		
3,5	16,45	0,1645	36,9546		
4,0	16,25	0,1625	37,8698	0,003999	
4,5	16,00	0,1600	39,0625		
5,0	15,65	0,1565	40,8292		21,5
6,0	15,40	0,1540	42,1656		
8,0	14,75	0,1475	45,9638		
10,0	14,35	0,1435	48,5620		
12,0	13,85	0,1385	52,1315		21,4
14,0	13,20	0,1320	57,3921	0,003865	21,4
16,0	13,05	0,1305	58,7190	0,003665	
18,0	12,50	0,1250	64,0000		
20,0	12,20	0,1220	67,1862		21,1
25,0	11,70	0,1170	73,0514		
30,0	11,15	0,1115	80,4360		
35,0	10,65	0,1065	88,1659		
40,0	10,25	0,1025	95,1814	0,003606	
45,0	9,95	0,0995	101,0076		
50,0	9,60	0,0960	108,5069		
55,0	9,25	0,0925	116,8736	0,004028	
60,0	9,15	0,0915	119,4422		
				$\overline{F} = 0,003833$	$\overline{T} = 21,38$

D.4. Graphische Auswertung

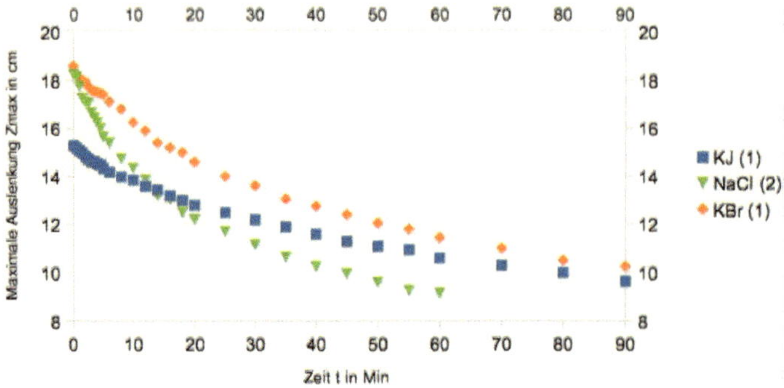

Abbildung 15: Maximale Auslenkung Z_{max}

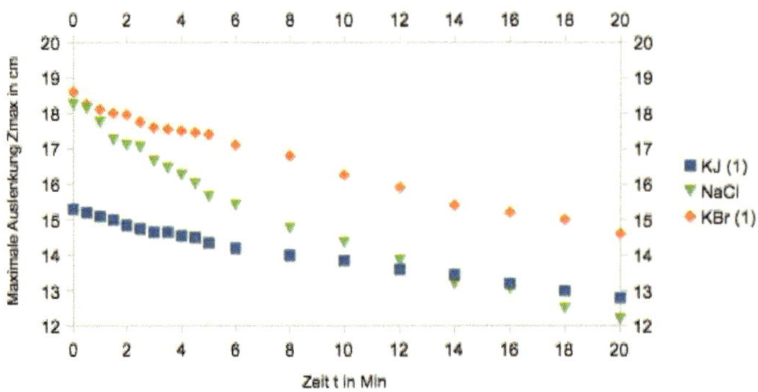

Abbildung 16: Maximale Auslenkung Z_{max} in den ersten 20 Minuten

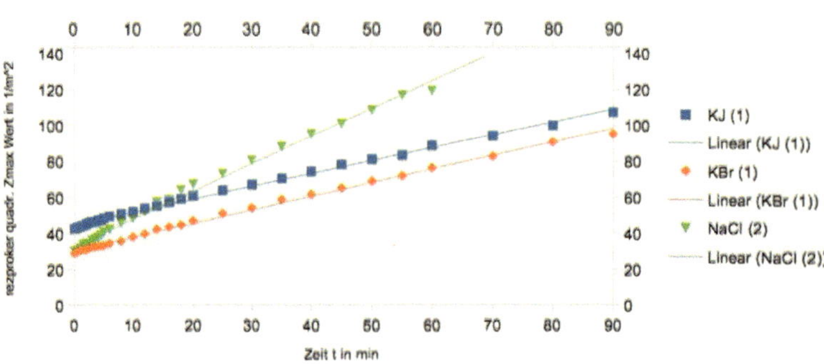

Abbildung 17: Reziprok-quadratischer Z_{max}-Wert

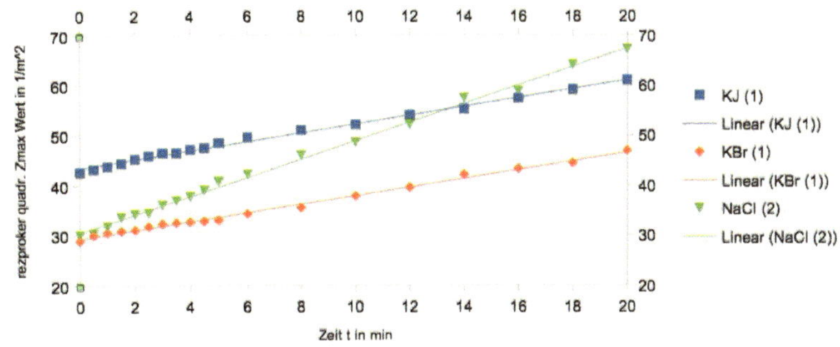

Abbildung 18: Reziprok-quadratischer Z_{max}-Wert in den ersten 20 Minuten

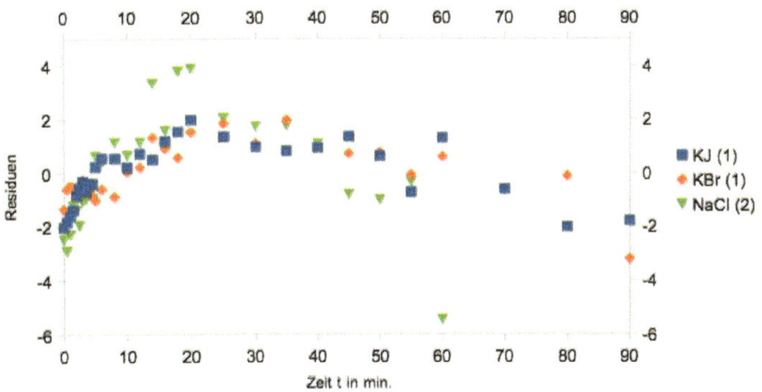

Abbildung 19: Residuen der Daten von Z_{max}^{-2} und ihren Regressionen

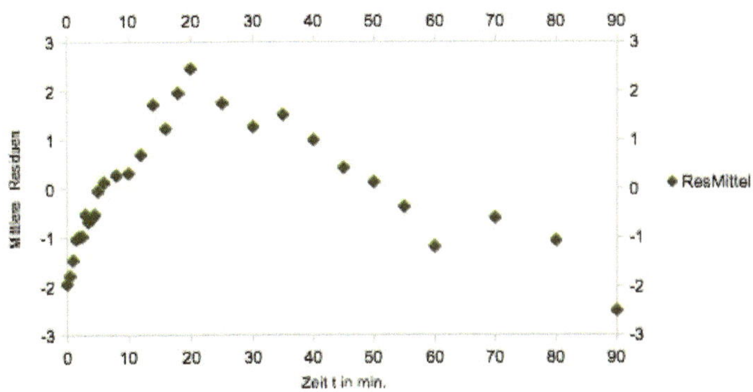

Abbildung 20: Mittlere Residuen aller Daten von Z_{max}^{-2} und ihren Regressionen